熊星人
蓋亞能源遺跡之謎

3

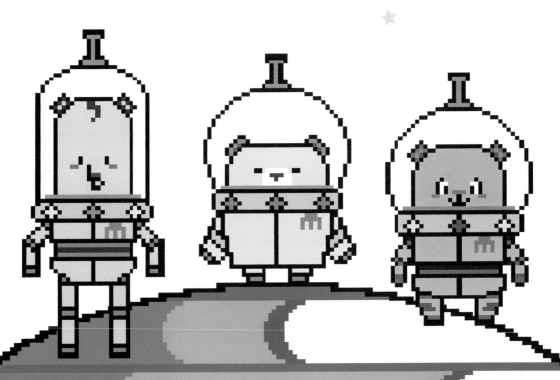

企劃：肯特動畫　台灣大學地質科學系
漫畫：比歐力工作室

目 錄
contents

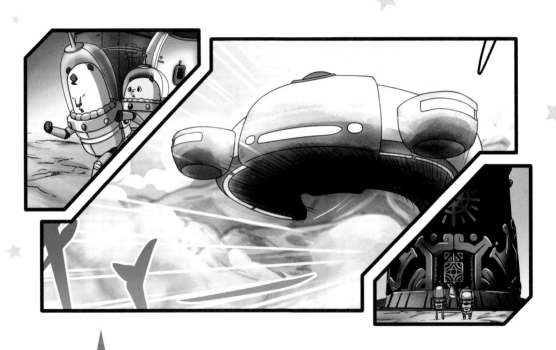

第九話　能源石的鎖匙

佇太空航行的三熊雄雄收著拉雅的緊急求救訊息，為著調查真相佮拯救拉雅，三熊隨前往蓋亞星，煞發現求救事件佮阿盧的一台來路不明的遊戲機，內底的蓋亞傳說內容全款……

再生能歷史佮種類。太陽能光電介紹

熊星人
蓋亞能源遺跡之謎 ❸

QRCODE
台語有聲故事

每一个故事開始掃 QRcode
就會當聽著台語有聲故事

人講蓋亞星頂面有一項珍貴的寶物「穎（ínn）」，有征服宇宙的力量。

四位使者（sù-tsiá）創造「核心（hik-sim）」，in將「穎」囥入去核心鎖，千年共守護，著愛揣著四粒能源石的鎖匙才會當拍開核心。

一千年後的蓋亞星，宇宙中的搶奪者發動戰爭搶核心。為著莫予搶奪者提著「穎」，

一位機械師（ki-hâi-su）將核心藏起來，閣將能源石的鎖匙藏佇遺跡內底，設四條謎題。

著愛破解四條謎題的勇者，才會當得著能源石的鎖匙，

拍開核心，提著征服世界的力量：「穎」。

嬌啦，通過頭一關得著能源石，

嚓・

啦～

毋過...

欲按怎通到後一關？

嗶嗶嗶...

毋知啥人寄來的，曷無遊戲說明書

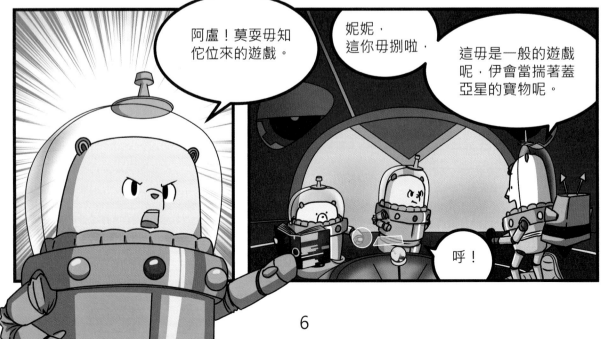

阿盧！莫耍毋知佗位來的遊戲。

妮妮，這你毋捌啦，

這毋是一般的遊戲呢，伊會當揣著蓋亞星的寶物呢。

呼！

嗯...妮妮，
根據這本

「栗優酷豆 (lik-iu-khok-tāu)·超
時空·永遠·無退流行·萬能·機械·
小天才·改造達人·寶典」

予頭盔，會使投
射洞穴的畫面，

按呢無佇母船頂，嘛
通隨時佮智者講話。

我來試看覓...

這是啥？

天公伯仔...
哪會連線去遊戲...

7

啊！！！

拉雅！？

能源石？

拉雅講有能源石？

阿德，敢會當查出
訊號發送的位置？

嗯，交予我來！

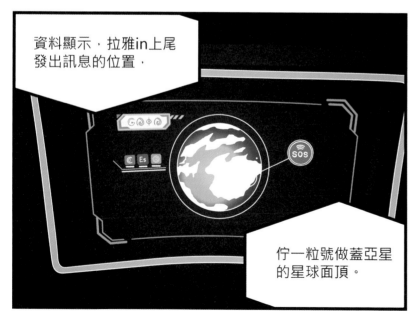

資料顯示，拉雅in上尾
發出訊息的位置，

佇一粒號做蓋亞星
的星球面頂。

蓋亞星...

佮我的遊戲
完全全款。

10

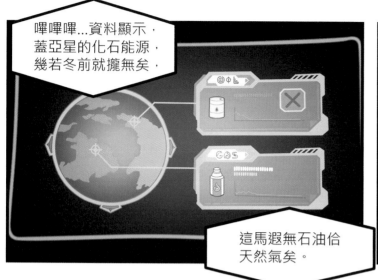

嗶嗶嗶...資料顯示，蓋亞星的化石能源，幾若冬前就攏無矣，

這馬遐無石油佮天然氣矣。

拉雅...

是按怎欲去啥攏無的星球揣能源？

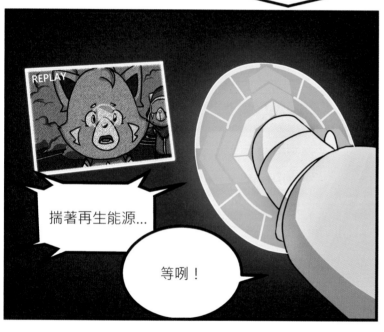

REPLAY

揣著再生能源...

等咧！

拉雅敢若有講著再生能源？

意思是蓋亞星雖然無化石能源，

毋過可能有再生能源？

嗶嗶嗶，妮妮講了無毋著喔，

過去佇地球的時陣，熊星有收集各種再生能源的資料。

12

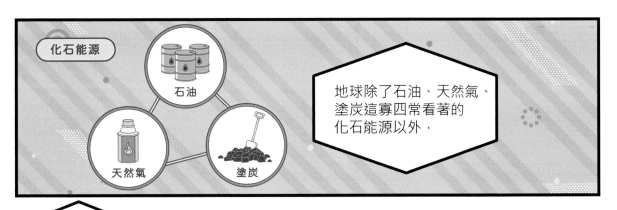

化石能源

石油

天然氣

塗炭

地球除了石油、天然氣、塗炭這寡四常看著的化石能源以外,

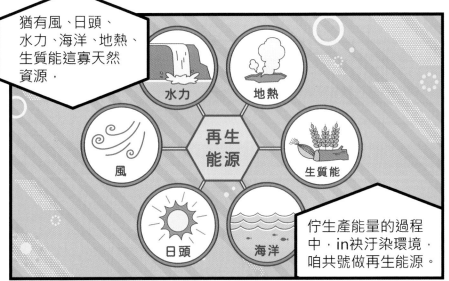

猶有風、日頭、水力、海洋、地熱、生質能這寡天然資源,

再生能源

水力

地熱

生質能

風

日頭

海洋

佇生產能量的過程中,in袂汙染環境,咱共號做再生能源。

風?海洋?

大自然嘛通成做能源?

嗶嗶嗶,阿盧問了誠好

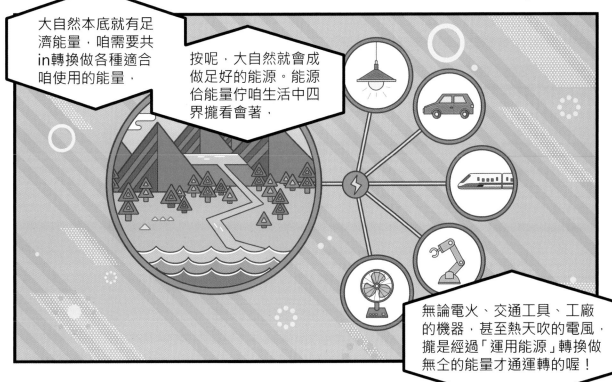

大自然本底就有足濟能量,咱需要共in轉換做各種適合咱使用的能量,

按呢,大自然就會成做足好的能源。能源佮能量佇咱生活中四界攏看會著,

無論電火、交通工具、工廠的機器,甚至熱天吹的電風,攏是經過「運用能源」轉換做無全的能量才通運轉的喔!

嗶嗶嗶...咱欲到蓋亞星矣！

隨欲進入蓋亞星的外層氣流。

太空母船迴過大氣雲層，準備降落蓋亞星。

咱tsín飛佇蓋亞星上大的一塊陸地頂懸。

開始收集環境資料，看佗位較好降落。

收--著！

哇...

遮...

有影...

不止仔拋荒

BEE4，遮敢誠實有能源？

百面有，

愛相信蓋亞星傳說，

我等袂赴去弄險矣。

唉，我的頭閣開始疼矣。

啊！我捌聽講地球人會利用風來予風車振動發電，這就是風能轉換做電。

舀水

挨米

發電

我嘛想著矣，進前佇地球看過水車，共水流動的能量經過水車轉換做機械能，會當舀水、挨米粟、甚至發電。

風車...水車...

為啥物經過像輪仔的物件就通發電啥?

這號做渦輪(o-lûn),是一種會當轉踅的裝置,

渦輪　　發電機　　電力

無全的媒介致使渦輪轉踅就會當發電喔!

除了水渦輪、風力渦輪以外,我猶閣聽過蒸汽渦輪喔。

嗶嗶嗶...阿德嘛講著一个重點矣,

地球人其實對足早以前就知影使用大自然的能源,一直到十八世紀發明蒸汽機,開始工業革命的時代,

工業革命

為著提懸生產效率,地球人漸漸仔開始用利便的塗炭、石油燃料代替天然能源,

石油危機

石油

塗炭

但是遮的燃料嘛有一工會用完,一直到頭一擺的石油危機,

地球人才沓沓仔，開始研究按怎閣較有效率來使用再生能源。

再生能源

風

日頭

水力

海洋

生質能

地熱

無的確拉雅是為著走揣這款能源，才來到遮，

按呢咱若較早揣著，無定著就會有線索。

閣有能源石！拉雅嘛有講著能源石。

能源石？

彼到底是啥？

轟轟

轟轟

阿德、BEE4，就拜託恁先發射衛星(uē-tshenn)，看佗位可能有再生能源。

嗶...無問題

佮阿盧負責出去探勘。

我...

讚啦，出發！

欸！阿盧較等咧！！

阿德，遮就拜託你矣。

嗯...BEE4，咱閣予人留落來矣

嗶...

阿盧佮妮妮駕駛貝爾號離開母船，佇荒漠頂仔飛行。

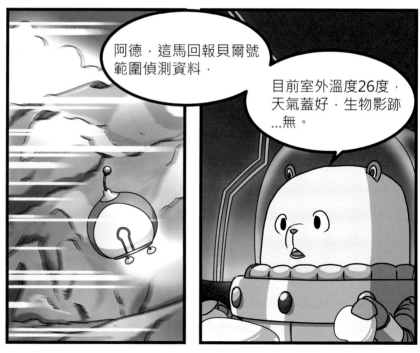

阿德，這馬回報貝爾號範圍偵測資料，

目前室外溫度26度，天氣蓋好，生物影跡...無。

收著，我遮也拄發射微型衛星，

發現蓋亞星參地球仝款，有日頭佮月娘，日夜分明，

四箍圍猶有一寡小行星（hîng-tshenn）。

你閣耍？！

啊！！！

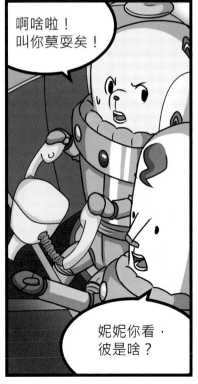

啊啥啦！叫你莫耍矣！

妮妮你看，彼是啥？

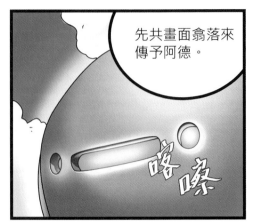

先共畫面翕落來傳予阿德。

阿德，敢會當分析出這是啥？

這...敢若是太陽能光電枋。

太陽能光電？

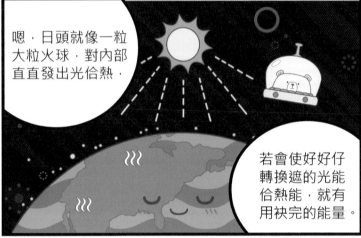

嗯，日頭就像一粒大粒火球，對內部直直發出光佮熱，

若會使好好仔轉換遮的光能佮熱能，就有用袂完的能量。

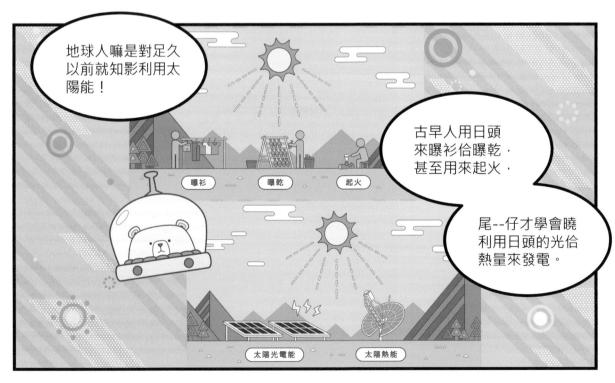

地球人嘛是對足久以前就知影利用太陽能！

古早人用日頭來曝衫佮曝乾，甚至用來起火，

尾--仔才學會曉利用日頭的光佮熱量來發電。

曝衫　　曝乾　　起火

太陽光電能　　太陽熱能

20

是講，

遮的日頭有夠炎，目睭得欲擘袂金矣。

啊！彼是啥？妮妮你看！

好親像是一座懸塔。

咱過去看覓。

出發！

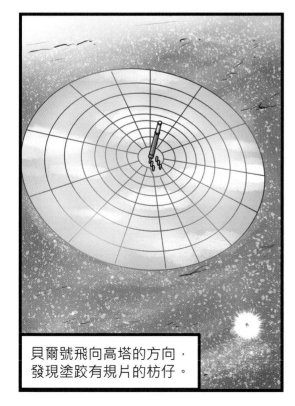

貝爾號飛向高塔的方向，發現塗跤有規片的枋仔。

這寡奇怪的枋仔足面熟的。

為啥物欲佇這種所在起遮懸的塔咧？

21

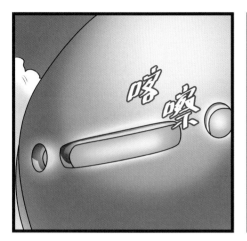

阿德、BEE4，勞煩恁們分析遮的枋仔。

好

阿盧，咱先降落去調查。

收著！

弄險總算開始囉！

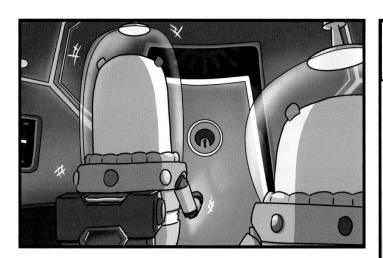

眼前是一座高塔，鑿目的光線，擔頭起來看，咧欲看袂著高塔上懸的所在。

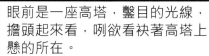

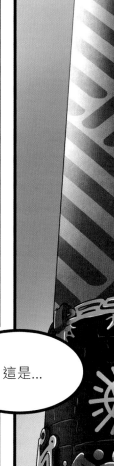

這是...

23

再生能源小智識

Q1：有啥物款再生能源呢?
A1：風、日頭、水力、海洋、地熱、生質能。

Q2：共水流動的能量經過水車轉換做機械能，通有啥物款的應用?
A2：會當䜣水、挨米、甚至發電。

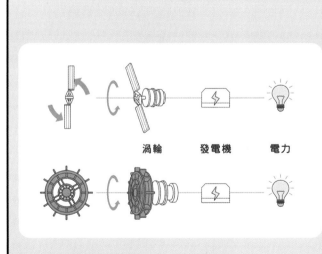

渦輪　　發電機　　電力

Q3：為啥物渦輪會使發電呢？
A3：渦輪 (o-lûn)，是一種會當轉踅 (tńg-se̍h) 的裝置，無全的媒介致使渦輪轉踅就會當發電喔！

熊星人
蓋亞能源遺跡之謎 ③

第十話　銀色日頭花大開

阿盧佮妮妮坐貝爾號探勘蓋亞星，佇拋荒地內發現一座神祕懸塔遺跡，入去遺跡了後，阿盧磕著機關致使地面崩去，佇足危急的時陣，in靠科普智識佮遊戲機線索，化解眼前的危機。

聚光型太陽能的原理

熊星人
蓋亞能源遺跡之謎 ❸

QRCODE
台語有聲故事

每一个故事開始掃 QRcode
就會當聽著台語有聲故事

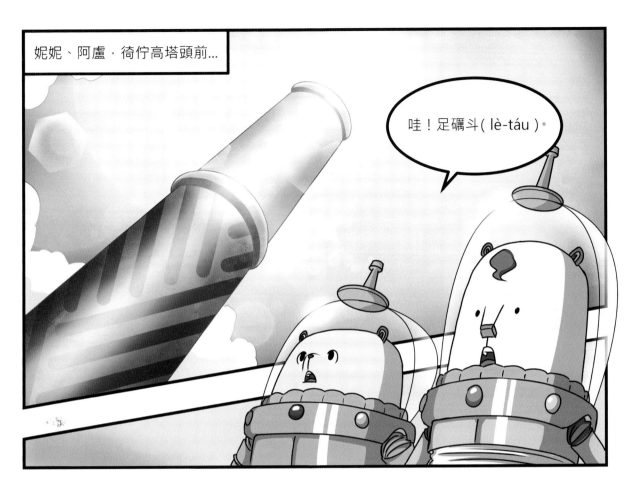

妮妮、阿盧，徛佇高塔頭前...

哇！足礙斗（lè-táu）。

遮就是日頭王子的殿堂（tiān-tông）。

嘿！

啥物日頭王子？

揣著矣！

這是進入殿堂的大門！

咱猶是莫清彩入去啦，

而且欲開這个門，應該無遐簡單...

妥當啦！

就靠這台遊戲機。

你莫亂講好無，遊戲機哪有...

法度？

這是啥物神奇科技？

妮妮你有影綴袂著陣呢，

阮熊星祖厝社區大門嘛是鑰卡咧出入的！

這...這毋是一般的門欸！

HaHoHeHey！進入遺跡（uî-jiah），行！

拜託你莫家己拋拋走...

啊！出入口...無去矣！

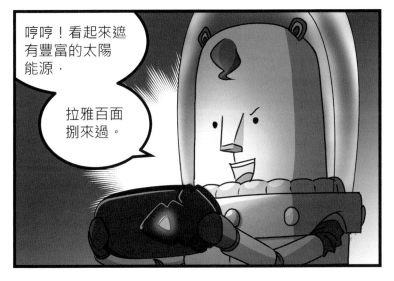

哼哼！看起來遮有豐富的太陽能源，拉雅百面捌來過。

唉，這馬干焦會使向前行矣。

啊！這是啥？

暗眠摸，啥物都看袂著。

挷

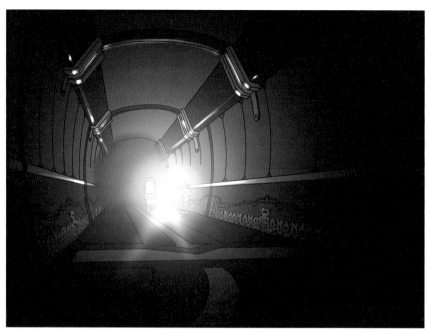

欸？頭拄仔踢著的物件，敢是伊？

奇怪，無成日頭王子。

莫插伊啦，咱兩个是來揣拉雅。

嗯！綴我行穩妥當，阿盧先仔恁你輕鬆仔過關！

呵呵呵...你莫摸後跤就阿彌陀佛矣。

嘩嘩

嗶嗶嗶，拄才分析附近環境的資料，蓋亞星原本就有太陽能源，

日頭　曠闊

太陽能發電廠

這个地區毋但日頭曝有夠，閣曠闊無遮閘(jia-tsàh)，無論佇蓋亞星抑是地球攏是蓋適合起太陽能發電廠的地點，

而且日頭的能量足驚--人，

一秒鐘能量源　產出

1秒　　數年

地球有科學家計算出，若會使完整保存日頭一秒鐘產出的能源，就通予全地球的人生活幾若冬矣。

所以太陽能源嘛是誠有前途的再生能源之一。

傷過驚--人矣，按呢咱嘛啟動母船的太陽能枋來發電予母船用！

日頭遮炎，適合發電，

按呢這座遺跡敢講是...

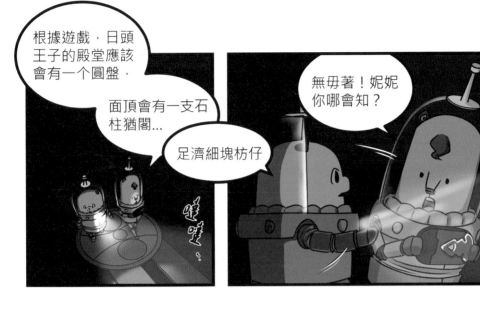

根據遊戲，日頭
王子的殿堂應該
會有一个圓盤，

面頂會有一支石
柱猶閣...

足濟細塊枋仔

無毋著！妮妮
你哪會知？

出現佇阿盧、妮妮面頭前的，是佮
遊戲機畫面一模一樣的遺跡風景。

「大開的銀色日頭花，
包圍日頭之塔，反射
光的溫度傳去懸位，
就通召喚(tiàu-huàn)
太陽能的寶物」，

遮的字是啥物
意思啊？

32

恰遊戲相像,
日頭花就是這!

喂!阿盧你是
振動著啥?

你毋是講這是啥物
日頭王子in兜?

哪有王子的厝會
崩去的啦?

天公伯仔,遮的
枋仔哪會雄雄咧
振動!

啊,日頭足
鑿目的。

想袂到遮的
枋仔竟然是
反射枋,

會使共光線反射
聚集(tsū-tsip)
去指定的所在。

33

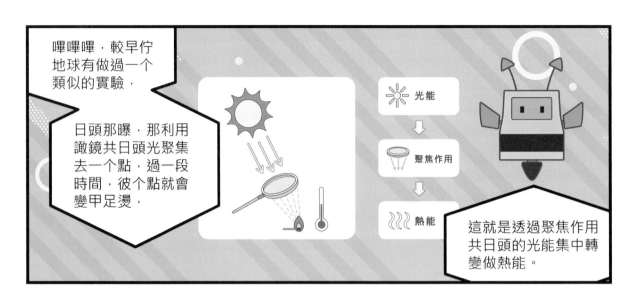

嗶嗶嗶，較早佇地球有做過一个類似的實驗，

日頭那曝，那利用諏鏡共日頭光聚集去一个點，過一段時間，彼个點就會變甲足燙，

光能

↓

聚焦作用

↓

熱能

這就是透過聚焦作用共日頭的光能集中轉變做熱能。

按呢，敢有可能利用這種方式發電？

轉

隆

隆

欲按怎，閣按呢，咱會落(lak)落去？

安啦，拍電動按呢毋才有刺激，

我嘛是按呢咧過關的。

過你的頭啦，

34

遮傷危險矣，咱緊想辦法離開！

等咧！

共遮的石枋對準懸塔，反射能量，

應該就會當得著能源石！

妮妮、阿盧，我查著矣！

太陽能發電除了利用光能轉換做電的技術，

猶閣有將日頭熱能集中的發電方式！

這是兩種無仝的太陽能發電原理。

太陽光電能

太陽熱能

頭拄仔恁佇外口荒埔（ hng-poo ）看著的深色枋仔號做太陽能光電枋，是用特殊的半導體製作，

框
玻璃
封裝材料
太陽能電池──半導體
封裝材料
枋
接線盒

光電轉換

日頭光一炤，產生光電轉換，就會使將光轉換做電。

嗶嗶嗶！無毋著，這種太陽能光電枋的優點，是裝置條件較簡單，只要曝會著日的所在就通安裝，

設置條件簡單

所以就算是又閣唊（ kheh ）又閣櫼（ tsinn ）的地球都市，嘛愈來愈濟人使用喔。

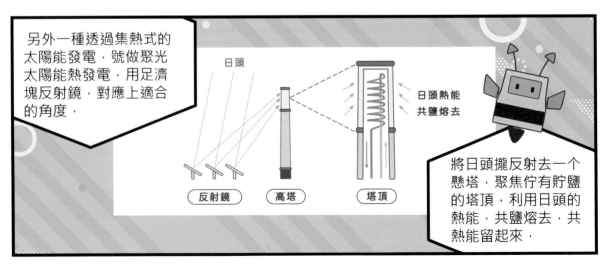

另外一種透過集熱式的太陽能發電，號做聚光太陽能熱發電，用足濟塊反射鏡，對應上適合的角度，

日頭

日頭熱能
共鹽熔去

反射鏡　高塔　塔頂

將日頭攏反射去一个懸塔，聚焦佇有貯鹽的塔頂，利用日頭的熱能，共鹽熔去，共熱能留起來，

需要電的時陣，閣用熔去的鹽的熱能來燃水，產生蒸汽推動渦輪（o-lûn）發電。

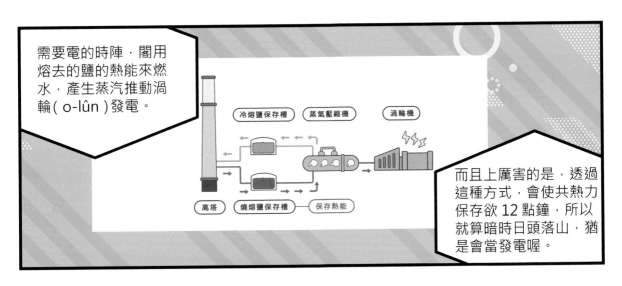

冷熔鹽保存槽　蒸氣壓縮機　渦輪機

高塔　燒熔鹽保存槽──保存熱能

而且上厲害的是，透過這種方式，會使共熱力保存欲 12 點鐘，所以就算暗時日頭落山，猶是會當發電喔。

嗯，這座遺跡的結構拄好就是一座懸塔，四箍圍仔有幾若塊反射鏡，

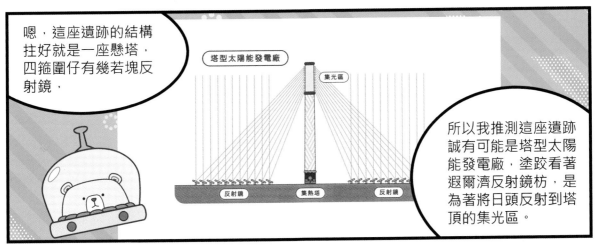

塔型太陽能發電廠

集光區

反射鏡　集熱塔　反射鏡

所以我推測這座遺跡誠有可能是塔型太陽能發電廠，塗跤看著遐爾濟反射鏡枋，是為著將日頭反射到塔頂的集光區。

妮妮？
是按怎？

敢是我講甲傷深矣？

阮佇懸塔遮...

地面攏崩去矣！

啊啊！

37

天公伯仔！

妮妮、阿盧有危險矣，

咱緊想辦法啊！

阿德！

嗯！BEE4，母船就交予你矣，

這馬，愛緊來去救同伴。

嗶嗶嗶嗶！

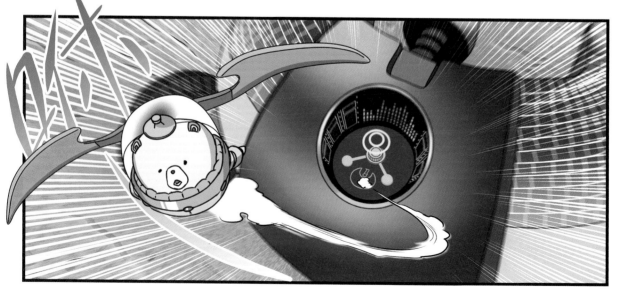

轟隆隆

奇怪？已經對準日頭之塔矣呢，

閣欠佗一步？

懸塔...

鏡面枋...

這是一个太陽能集熱塔發電模型！

大開的銀色日頭花，包圍日頭之塔，反射光的溫度...

著啦！咱閣欠上重要的日頭光！

喔！想著矣！

遊戲內底騎雙人
跤踏車，發射
「卡路里」光波，

就會使拍贏魔王，
予日頭王子轉去天
頂。

遮哪有啥物
跤踏車...

這！

這？

是！

有影無？

叩叩叩叩

加油，提出減肥的鬥志...

若無，一直予人看做是粉紅豬呢。

這傷喬矣啦！我走袂振動...

啥物！我才毋是粉紅豬！

看我共「卡路里」燒了了...這嘛是一種

能-源-轉-換！

喔！講著減肥有影無全款！

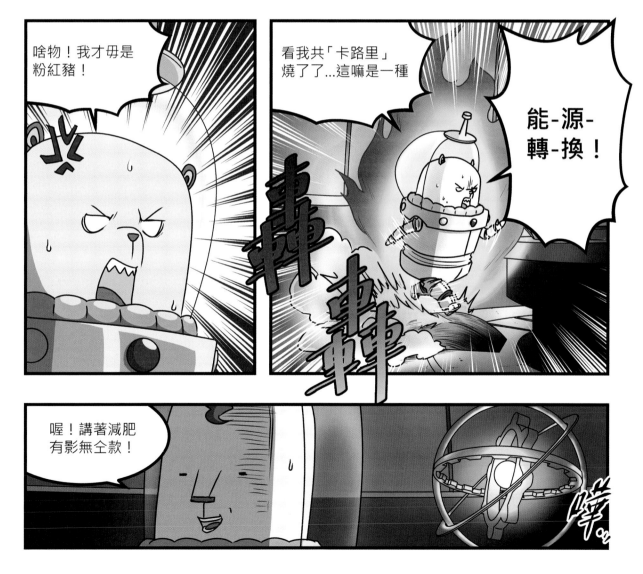

嗯！奇怪，遮應該是光電枋啊？哪會變做遮的物件？

喔，無時間矣，緊去懸塔遐。

走去天邊海角號，佇荒漠頂仔飛。

咕嚕...這擺咱偷提一塊太陽能光電枋...

恬去！

我講過偌濟擺，

咱毋是偷，
是交換！
交換！

咱毋是有共
滾輪（kún-lûn）
留落來？

而且根據我的調查，
這是一種高尚的做法，

地球彼種兩肢跤的生物，
逐擺聖誕節的時陣會舉辦
叫做交換禮物的儀式呢，
哈姆。

呵——...

能源石？

總算是出現矣，一切
攏佇我的計畫內底，

我一定愛得著
「穎（ínn）」的力量，

哈姆哈哈哈哈哈哈。

光線沓沓仔照到規个走廊，
流過機器兔仔的身軀，

機器兔仔雄雄將目睭裷開。

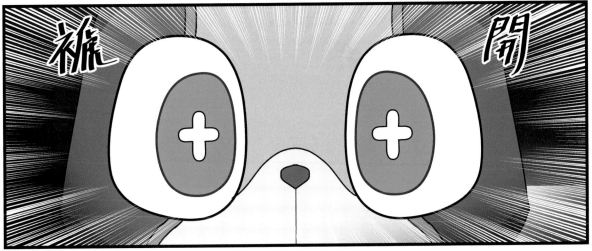

再生能源小智識

Q1：太陽能發電有佗兩種發電方式？

A1：太陽光電能、聚光太陽能熱發電。

Q2：太陽光電能是按怎發電的？

A2：是用特殊半導體製作的太陽能光電枋，日頭光一炤，產生光電轉換，就會使將光轉換做電。

Q3：聚光太陽能熱發電是按怎運作的？

A3：利用足濟塊反射鏡，將日頭攏反射去一个懸塔，聚焦佇有貯鹽的塔頂，利用日頭的熱能，共鹽熔去，共熱能儉起來，閣用熔去的鹽的熱能來煮水，產生蒸汽推動渦輪(o-lûn)發電。

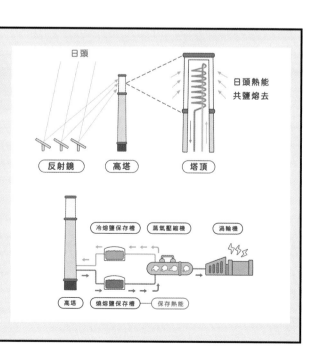

熊星人 蓋亞能源遺跡之謎 ③

第十一話　喚醒熔岩龍

妮妮佮阿盧解開遺跡謎題得著太陽能能源石，嘛喚醒機器人Ai兔仔，來解救同伴的阿德，無張持煞共所有人揀入去萬底深坑的塗跤底磅空，無意中來到地熱遺跡。

地熱能的發電原理

QRCODE

台語有聲故事

每一个故事開始掃 QRcode

就會當聽著台語有聲故事

莫...莫磕(khap)
著能源石！

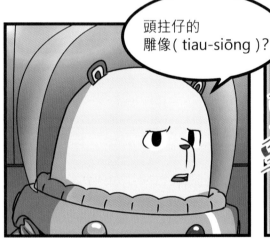

頭拄仔的
雕像(tiau-siōng)？

是按怎矣 hiooh？

嘿嘿...

阿盧！毋是叫
你莫去磕矣！

啊！

欸，百面是去後一个關卡（kuan-khah）的入口！

你起痟nih？這毋知影通去佗！

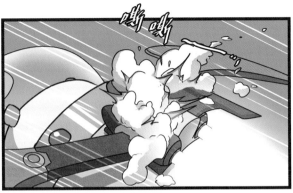

天公伯仔！飛行設備敢若傷燒失靈矣...

啊！

神救援！阿德來矣！

四个人對神祕的入口飛出來，

落佇塗跤底的磅空。

莫...莫倚過來！

阿德！

嘿，阮是來遮揣阮失蹤的朋友拉雅。

我...才袂清彩相信粉紅...

豬小姐！

我才毋是粉紅豬，阮三个是熊星人！

阮無代誌，阮若像佇地道內，

敢有法度看出去塗跤兜的道路？

嗶嗶嗶，目前資料庫無這个地區道路的資訊，

但是關係蓋亞星能源的資料有新的發現喔！

啊？敢有影？揣著蓋亞星其他的能源矣？

嗶嗶嗶，頭拄仔分析遮的地理資訊，蓋亞星的地心溫度佮地球誠接近，

全款因為塗跤底無仝深度的溫度無仝，形成對流作用，足大的熱能對地球核心慢慢仔傳到地殼，滲落來了後就成做這馬的地殼，

啊若較深的塗跤底的岩漿流動佮地殼相挨(e)相硞(kheh)，就會佇一寡地區產生地動佮火山噴發。

火山噴發

地殼

地動

地函

外核

內核

這聽起來...蓋恐怖呢...

溫泉

這愛看按怎運用地熱，地球人足早以前就開始利用地熱能，

古早人就發現有的地區會出現溫泉，會當用來洗身軀，予身體燒烙。

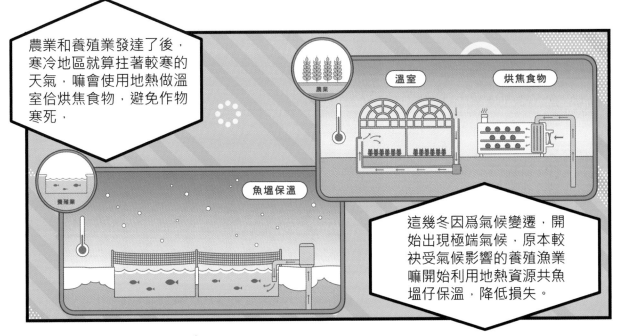

農業和養殖業發達了後，寒冷地區就算拄著較寒的天氣，嘛會使用地熱做溫室佮烘焦食物，避免作物寒死，

溫室

烘焦食物

農業

魚塭保溫

養殖業

這幾冬因為氣候變遷，開始出現極端氣候，原本較袂受氣候影響的養殖漁業嘛開始利用地熱資源共魚塭仔保溫，降低損失。

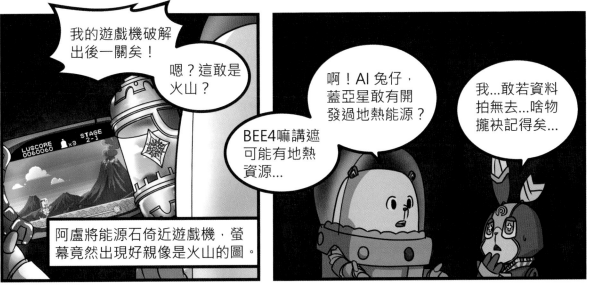

我的遊戲機破解出後一關矣！

嗯？這敢是火山？

BEE4嘛講遮可能有地熱資源...

阿盧將能源石倚近遊戲機，螢幕竟然出現好親像是火山的圖。

LU:SCORE 0060060　×3　STAGE 2-1

啊！AI兔仔，蓋亞星敢有開發過地熱能源？

我...敢若資料拍無去...啥物攏袂記得矣...

煞煞去，咱先揣著出去的路。

AI兔仔你嘛綴阮來嘛！無的確會需要你鬥相共。

我...

嗶嗶

行！走揣地熱能源石！

啊,這是按怎?

AI 兔仔你有影無膽呢,地動無啥物好驚的啦!

除非遮有石頭落(lak)落來抑是崩去,抑無...

你這个破格喙!猶毋緊來走!

頭前有光！

是出口！

礴！！

俺娘喂...蓋亞星到底有偌濟會驚死人的石頭。

咱...敢若揣著地熱能遺跡矣！

哇！

就是遮無毋著，
遮是地熱祭壇
（tsè-tuânn），

愛叫醒
熔岩（iông-gâm）龍。

行，來遺跡邀看覓。

這是啥物啊？

看起來像魚仔
雕像毋過閣成
飛行器。

60

哇，這是？

龍骨鬥圖！

嗶嗶！阿德，拄才恁收集的資料，我提 in 佮地球資料比對，確實誠成地球的地熱能發電廠喔！

地球本身就敢若一台足大台的發熱機，地熱發電廠就是運用地球內部直直發出來的大量熱能來發電。

按呢，咱欲按怎得著熱能呢？

62

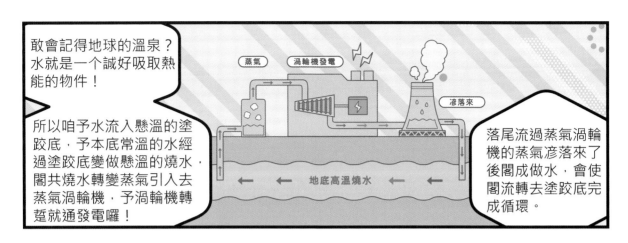

敢會記得地球的溫泉？水就是一个誠好吸取熱能的物件！

所以咱予水流入懸溫的塗跤底，予本底常溫的水經過塗跤底變做懸溫的燒水，閣共燒水轉變蒸氣引入去蒸氣渦輪機，予渦輪機轉踅就通發電囉！

落尾流過蒸氣渦輪機的蒸氣澹落來了後閣成做水，會使閣流轉去塗跤底完成循環。

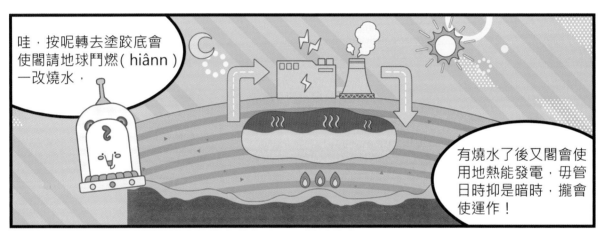

哇，按呢轉去塗跤底會使閣請地球鬥燃（hiânn）一改燒水，

有燒水了後又閣會使用地熱能發電，毋管日時抑是暗時，攏會使運作！

阿盧講了誠著，因為地心不管時攏咧產生熱量，

所以地熱能發電嘛較袂受氣候條件的限制，是相當穩定的再生能源之一。

按呢這塊石枋是啥物？

是熔岩龍的龍骨！

熔岩之舞才通共伊叫醒，提著能源石。

啊...

嗯？這塊石枋敢會是地熱能發電廠的設計圖啊？

我試看覓。

妮妮，就共你講按呢無法度啦，

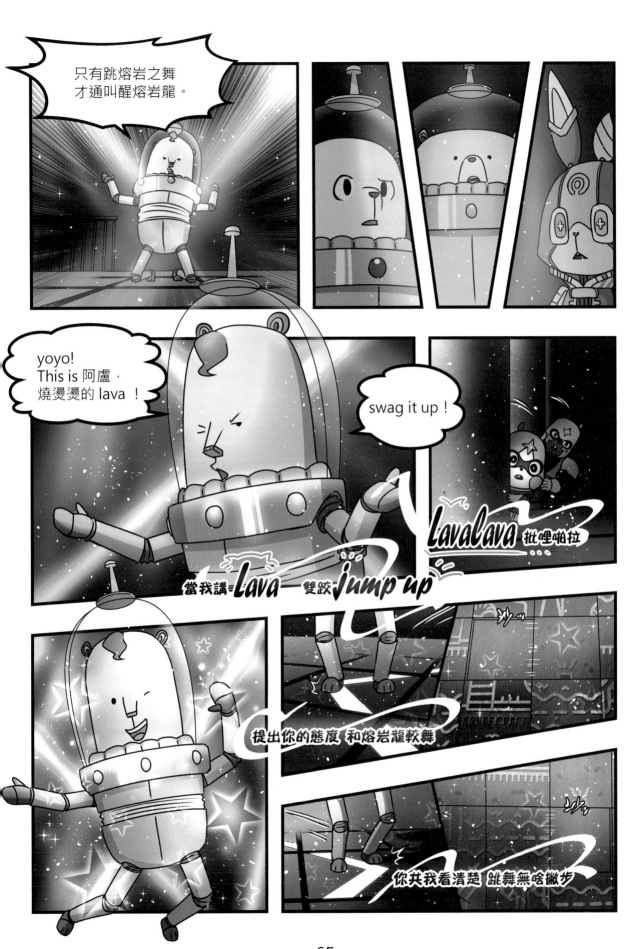

65

第二粒能源石就欲來矣！

石壁下跤出現能源石，室內的蒸氣愈來愈大。

嗶嗶嗶嗶！害矣，地形位置的分析報告出來矣，

這附近有熱能足旺的火山群，足危險愛緊離開。

天公伯仔，咱緊走。

再生能源小智識

Q1：較深的塗跤底的岩漿流動佮地殼相挨(e)相楔(kheh)，
會產生啥物現象？

A1：產生地動佮火山噴發。

Q2：有啥物款地熱能的運用呢？

A2：溫泉、烘焦食物、避免作物凍死、魚塭仔保溫。

Q3：地熱能是按怎發電的？

A3：予水流入懸溫的塗跤底，予本底常溫的水經過塗跤底變做懸溫的燒水，
閣共燒水轉變的蒸氣引入去蒸氣渦輪機，予渦輪機轉踅就通發電囉！

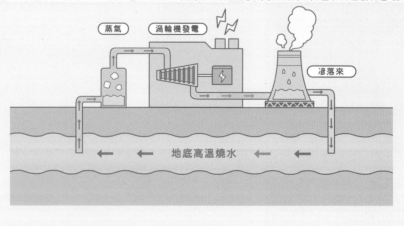

蒸氣　　渦輪機發電　　　　　　　滲落來

地底高溫燒水

熊星人 ☆
蓋亞能源遺跡之謎 ③

第十二話　帕拉薩爾斯號

三熊成功共遺跡謎題解開，出現地熱能源石，煞險仔予哈姆星人趁機會交換偷走，這時地熱遺跡噴出燒燙燙的岩漿，緊急中，妮妮意外啟動古早時的飛行器帕拉薩爾斯號，一陣人驚險逃離，煞發現Ai兔仔無去矣。

氫能的應用。生質能的種類

熊星人
蓋亞能源遺跡之謎❸

QRCODE
台語有聲故事
每一个故事開始掃 QRcode
就會當聽著台語有聲故事

原來地熱能源石
生按呢喔。

按怎看都無成
能源石啊？

阿盧...

等咧
AI 兔仔。

啊！

妮妮！

能源石！？

lavalava~

欸！恁這陣
賊仔！

71

我是哈姆星人阿栗！

哪會是啥物賊仔，我是咧佮恁交換禮物呢，哈姆。

拿

啥人欲佮恁交換這个...

哈姆兩光物仔！

俺娘喂，

粉紅豬的力頭遐爾飽喔！哈姆

72

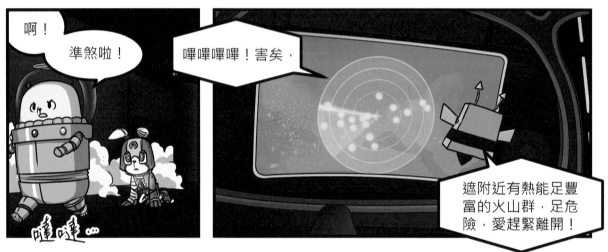

卑鄙的賊仔！做歹代誌會有報應啦！

莫亂講，交換禮物毋知感恩的才會有報應，哈姆！

這聲拉雅的線索...

啊！能源石！

能源石？！

實在破格喀呢～～～

緊踮(peh)起去懸的所在!

啊!這就是遊戲內底傳說中的飛行器-

帕拉薩爾斯號!

緊起去!

帕拉薩爾斯號順利起飛,好得佳哉閃過岩漿。

婿啦!阮有影是上強的太空三熊,著無?

AI 兔仔?

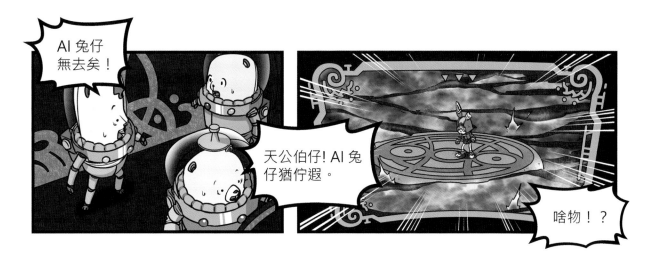

AI 兔仔無去矣！

天公伯仔！AI 兔仔猶佇遐。

啥物！？

俺娘喂哈姆！

嗚嚕！報告，發現神秘飛船。

喔？

心適喔。

閃～

AI 兔仔緊跳啊！！

毋過...

緊啦！若無，咱攏會有危險！

跳

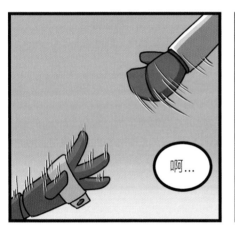

啊...

AI兔仔！！

你一定愛保護家己...

保護家己...

哇！AI兔仔！
你有影誠勢。

救援任務
成功！

AI兔仔你哪會一直
雄雄停落來啊？

拜託咧！你倚佇
遐才有危險啦！

我...驚有
危險。

我感覺AI兔仔
講了有道理。

79

啥物意思？

因為...電力無夠，咱得欲失去動力矣...

是按怎逐擺到其他星球攏會出代誌啊！

啊！！！

硜

帕拉薩爾斯號摔落荒地，舞共四界塊埃。

這个飛行器到底出啥問題？

我看，這是一台氫（khin）能動力船。

氫能是啥物啊？

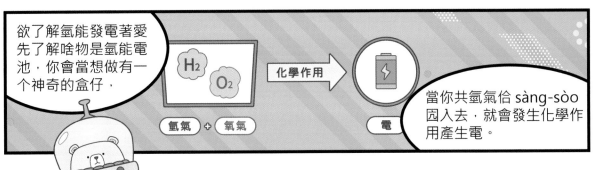

欲了解氫能發電著愛先了解啥物是氫能電池,你會當想做有一个神奇的盒仔,

化學作用

當你共氫氣佮 sàng-sòo 园入去,就會發生化學作用產生電。

氫氣 ✛ 氧氣

電

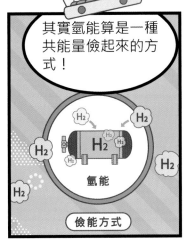

其實氫能算是一種共能量儉起來的方式!

氫能

儉能方式

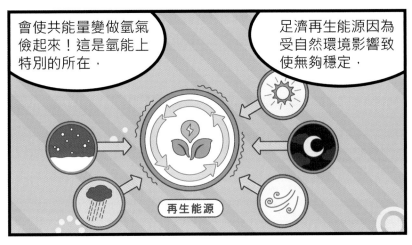

會使共能量變做氫氣儉起來!這是氫能上特別的所在,

足濟再生能源因為受自然環境影響致使無夠穩定,

再生能源

像咱頭拄仔拄著的太陽能,著愛看天氣按怎,若天暗矣抑是天氣無好,無出日頭就無法度發電。

太陽能發電

·····

相對較穩定的地熱能,雖然會使24小時攏咧發電,但是若產生傷濟電用袂完就拍損去矣。

地熱能發電

⚠ 電力浪費

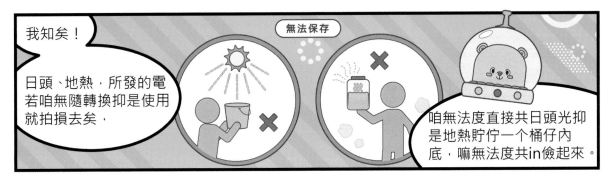

我知矣!

日頭、地熱,所發的電若咱無隨轉換抑是使用就拍損去矣,

無法保存

咱無法度直接共日頭光抑是地熱貯佇一个桶仔內底,嘛無法度共in儉起來。

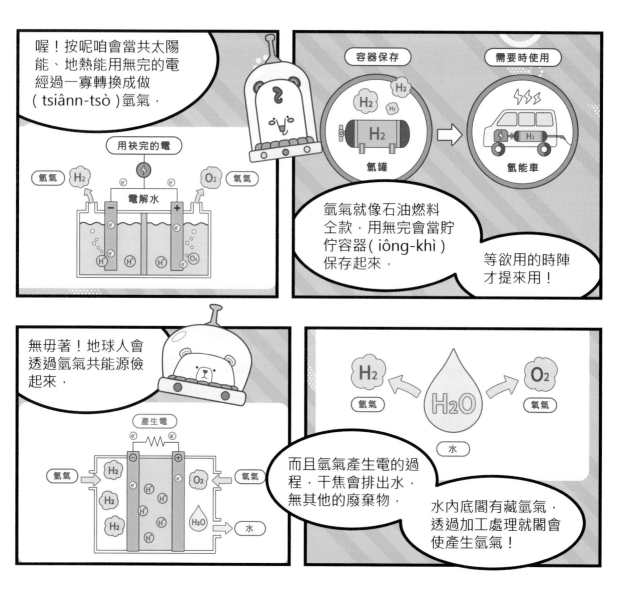

喔！按呢咱會當共太陽能、地熱能用無完的電經過一寡轉換成做（tsiânn-tsò）氫氣，

用袂完的電

氫氣 H₂　電解水　O₂ 氧氣

容器保存　需要時使用

氫罐　氫能車

氫氣就像石油燃料仝款，用無完會當貯佇容器（iông-khì）保存起來，

等欲用的時陣才提來用！

無毋著！地球人會透過氫氣共能源儉起來，

產生電

氫氣　O₂ 氧氣

H₂O　水

而且氫氣產生電的過程，干焦會排出水，無其他的廢棄物，

H₂ 氫氣　H₂O 水　O₂ 氧氣

水內底閣有藏氫氣，透過加工處理就閣會使產生氫氣！

猶毋過問題是佗位會使揣著氫能罐？

你講的氫能罐敢是咧講彼？

82

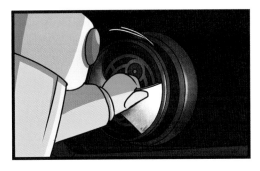

好,會使
發動矣,

你了解機器,
機器就會共你
鬥相共。

嗶

嗆！

啊！

一閃！

我毋知影妮妮
駛飛行船遮熟
手。

天公
伯仔！

三熊又閣失去訊號，
聯絡袂著矣，嗶嗶...

📶 無回應

啊哈，原來就是你
偷偷仔指揮 來搶能
源石的喔!哈姆！

嗶...你是
啥人？

講！恁搶能源石
的計畫到底是啥
物哈姆？

嗶嗶...我絕對袂
漏洩有關太空三
熊的計畫。

哈哈...來！對付害蟲
的武器共我提出來，
對付這隻蠻蜂哈姆！

咕嚕！

拿出

傷過份矣啦...嗶嗶嗶...

咕嚕,發現神秘的物件。

啥?焐我去看覓。

阿盧、阿德、AI兔仔順塗跤拖行的痕跡走揣妮妮。

看起來無毋著!

塗跤的痕跡佮遊戲機定位地熱能源石的方向有合(hah)。

繼續行應該就通(thang)揣著妮妮矣...

85

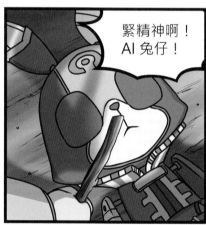

看遮！

嗹 嗹 嗹

咬！

這是啥物情形？

機器人嘛會食物件喔？

冊面頂寫這種機器人體內有微型生質能（sing-tsit-lîng）發電廠，需要補充能量。

生質能是啥物啊？

喀喀喀...

生質能嘛是再生能源的一種...

生質能

再生能源

共生活中產生的物質透過自然抑是人工（jîn-kang）的方式重新處理變做生質燃料，

生物質　加工　生質燃料　熱能　渦輪機發電

燒生質燃料的過程產生熱能，熱能閣推動渦輪機來產生電。

啊？所以 AI 兔仔挂才食遐濟漚柴敢是為著製作生質燃料？

透過加工處理，共無仝的廢棄物轉換做生質燃料...

無毋著...

廢棄物　加工處理　生質燃料

除了柴幼仔、漚柴箍，猶閣有番麥心、粟殼、甘蔗粕、豬屎等等，攏會當重新處理變做無仝的燃料，

有固體的生質柴粒仔、液體的生質酒精、生質柴油，氣體的有生質沼氣（tsiáu-khì）等等，

漚柴箍　番麥心　粟殼　甘蔗粕　黃豆　豬屎

柴粒仔　生質酒精　生質柴油　生質沼氣

地球人運用生質燃料，毋但會當代替石油這寡有限的能源，

嘛會當改善糞埽囤積甲無位的問題、共豬屎專業處理，是一兼二顧喔。

運用生質燃料

替代石油　改善糞埽囤積　豬屎處理

生質柴油　沼氣

88

啊！！！

冒出

啊？恁咧講啥？

莫食我，莫食我，先食阿德...

無代誌...咱緊向前行。

著著著...咱來去！

阿栗彼陣人掠Bee4來到思考洞窟。

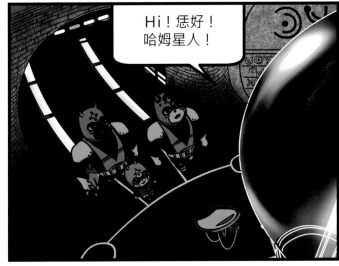

Hi！恁好！哈姆星人！

電火球仔哪會講話？

你是啥物人？哈姆！

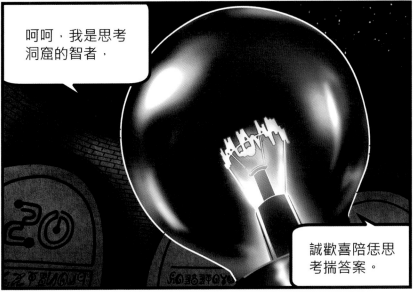

呵呵，我是思考洞窟的智者，

誠歡喜陪恁思考揣答案。

再生能源小智識

Q1：日頭、地熱，所發的電若咱無隨轉換抑是使用就拍損去矣，有啥物方式通解決這个問題？

A1：共用無完的電經過一寡轉換成做(tsiânn-tsò)氫氣，用無完會使貯佇容器(iông-khì)保存起來。

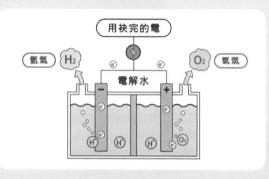

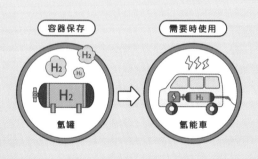

Q2：啥物是氫能電池？

A2：共氫氣佮 sàng-sòo 囥入去一个盒仔，就會發生化學作用產生電。

Q3：生質能發電的原理是？

A3：生活中產生的物質透過自然抑是人工(jîn-kang)的方式重新處理變做生質燃料，燒生質燃料的過程產生熱能，熱能閣推動渦輪機來產生電。

一個沉睡的古老傳說　　一觸即發的能源風暴

蓋亞能源遺跡之謎
熊星人

科技部 109年度 科普產學合作計畫「向地球學習 - 使用再生能源保護環境」

製作 / 肯特動畫數位獨立製片股份有限公司　監製 / 張永昌　林昶匡　督導 / 林瓊芬　舒逸琪　專案統籌 / 蔡孟書　導演 / 黃有傑　編劇 / 王響書　製片 / 顧雅玲　詹家湊　美術指導 / 陳省夫

配音 / 胡大器　穆宣名　張長順　丘梅君　連思宇　陳煌典　音樂 / 張念達　音效 / 鄧茂茲　黃思穎　2D動畫 / 陳昆元　蕭羽珊　3D模型 / 李岡　吳建緯　3D動畫 / 光合彎動畫工作室　想動創意有限公司　貳拾工作室

燈光 / 即時運算　黃守晟　陳敏慈　雲端算圖 / 國家高速網路與計算中心　計畫主持人 / 陳文山　計畫共同主持人 / 鄧人豪　郭嘉真　科學評委 / 吳進忠　江青瓛　楊東華　蕭弘林

MOST 科技部
Ministry of Science and Technology

國家高速網路與計算中心
National Center for High-performance Computing

《Bear Star》

作詞:張永昌　作曲：張念達

發動 智慧的引擎（ián-jín）　欲出帆（phâng）
行踏大海 心茫茫
這款 的冒險絕對袂輕鬆
（逐家）思考才袂愣愣　　（做伙）出力才會振動
展翼帶著希望　勇敢承擔（sîng-tann）

飛上懸山（kuân suann）

BearStar 衝啦

挑戰 全部毋驚（m̄-kiann）

BearStar 衝啦

踏出 希望 向前行（hiòng-tsiân kiânn）

迵過（thàng-kuè；穿越）銀河（gîn-hô）的 BearStar

《Lavalava》

作詞:王譽書　作曲：張念達

yoyo！This is 小盧，
燒燙燙欸lava！swag it up！

lavalava　批哩啪拉
當我說lava　雙腳jump up
拿出你的態度　和熔岩龍尬舞
你給我看清楚　跳舞沒有撇步

lavalava　哎唷喂呀
當我說lava　雙腳jump up
今夜我是舞棍　旋轉就像渦輪
動作給一百分　發電靠地熱能

lavalava　媽媽咪呀
當你說lava　我說hiya

熊星人 蓋亞能源遺跡之謎 ❸

企　　劃　肯特動畫
　　　　　台灣大學地質科學系
漫　　畫　比歐力工作室
補助單位　文化部

出版發行／前衛出版社
地址：10468台北市中山區農安街153號4樓之3
電話：02-2586-5708
傳真：02-2586-3758
郵撥帳號：05625551
Email：a4791@ms15.hinet.net
http://www.avanguard.com.tw

總經銷／紅螞蟻圖書有限公司
地址：11494台北市內湖區舊宗路二段121巷19號
電話：02-2795-3656
傳真：02-2795-4100

出版日期／2022年4月 初版一刷
售價／350元

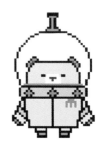

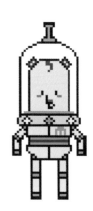